Jean-Henri Fabre

法布尔昆虫记

地下毒王狼蛛
与天才建筑师园蛛

〔韩〕高苏珊娜◎编著　　〔韩〕金成荣◎绘　　李明淑◎译

北京科学技术出版社
100层童书馆

序

法布尔是一位杰出的昆虫学家，也是一位优秀的文学家。19世纪末至20世纪初，法布尔捧出了一部《昆虫记》，世界响起了一片赞叹之声，这片赞叹声一响就是100多年，直到今天！

《昆虫记》语言朴素却不失优美，法布尔把一部严肃的学术著作写成了优美的散文，人们不仅能从中获得知识，更能获得一种美的享受，并由衷地对大自然产生深深的爱！

作为一位昆虫学家，一位用心去观察、用爱去感受的昆虫学家，法布尔的科学研究是充满诗意的。他不把昆虫开膛破肚，而是充满爱心地在田野里观察它们，跟它们亲密无间。他用诗人的语言描绘这些鲜活的生命，昆虫在他的笔下是生动、美丽、聪慧、勇敢的，他说他在"探究生命"，目的是"让人们喜欢它们"。他的心如同孩童般纯真，他的文字也充满想象力和感染力。他要让厌恶昆虫的人知道，这些微不足道的小虫子有许多神奇的本领，它们勇于接受大自然的考验，努力在这个世界上争得生存的空间。

北京科学技术出版社出版的这套改编的儿童版"法布尔昆虫记"换了一种方式来呈现这部科学经典。这套书用简洁的语言、精美的彩图、生动的故事情节描绘法布尔原著中具有代表性的昆虫，讲述它们的故事，展现它们的个性，处处流露出作者对它们的喜爱。我向小朋友们推荐这套彩图版"法布尔昆虫记"，是因为它语言非常优美，且所描绘的昆虫形象栩栩如生，小朋友们可以透过文字了解它们的喜怒哀乐。故事兼具科学性和趣味性，能够激发小朋友们的阅读兴趣和对大自然的好奇心，培养他们尊重生命、亲近自然、热爱科学的精神！

最后，希望北京科学技术出版社出版更多、更好的儿童科普书，同时也祝愿我国的儿童科普事业蓬勃发展！

中国科学院院士

张广学

神秘的蜘蛛世界

你是否知道蜘蛛不是昆虫呢？

昆虫的身体由头部、胸部、腹部3部分组成，它们长有6条腿；但是，蜘蛛的身体由头胸部和腹部2部分组成，它们长有8条腿，所以蜘蛛不是昆虫。

人们经常因为蜘蛛丑陋的外表而不喜欢它们。但蜘蛛大多不会危害人类，反而还会吃掉苍蝇、蚊子之类的害虫，所以它们是人类的好朋友。

本书将介绍毒蜘蛛家族里的狼蛛和擅长编织的园蛛。经常被人类忽视的蜘蛛，其实具有超凡的能力。狼蛛是宁愿牺牲自己，也要舍命保护卵囊的伟大母亲；而园蛛会编织连人类都无法模仿的蛛网房子。

小小的蜘蛛到底具有什么样的能力呢？让我们和法布尔一起去看看吧！

目录

地下毒王——狼蛛

在距离法布尔家不远的空地上，

住着许多被称为"狼蛛"的毒蜘蛛。

法布尔仔细观察了那些蜘蛛

捕猎的方法和处死猎物的手法，

打算通过实验测试狼蛛的毒液到底有多厉害。

首先成为实验对象的是蝗虫和蝈蝈，

当然，它们被狼蛛咬到后很快就死了。

"嗯，再找一些大一点儿的动物来看一看。"

刚好，法布尔的女儿们养了一只小麻雀，

法布尔让毒蜘蛛咬麻雀的腿。

最初两天麻雀还算安然无恙，但最终还是死掉了。

为此，家人都埋怨法布尔，

法布尔也很后悔，

但是，这仍阻止不了

他的好奇心和研究欲望。

有一天，法布尔从农田里抓来了一只鼹鼠，

他让毒蜘蛛咬鼹鼠的鼻尖。

只过了一天半，鼹鼠就死了。

因此，法布尔得出了这样的结论：

"毒蜘蛛的毒液不仅对昆虫有杀伤作用，

对小动物也很危险，

但是对人类这种大型动物究竟有多危险，

就不得而知了。"

像狼一样可怕的毒蜘蛛

"大家好，现在我们正式召开
'世界蜘蛛联合会'成立大会！
我要先宣布大会的纪律：
如果有谁在这里打架斗殴或者吃掉同胞，
联合会将永远剥夺其会员资格。"
蜘蛛中最魁梧的捕鸟蛛走到前面，
向大家宣布大会开幕。
蜘蛛们便开始一一宣泄内心的不满。
"人类真的非常讨厌我们，
只是因为我们长得不好看！"
蟹蛛忿忿不平地说。
"人类本来就喜欢以貌取人，
所以别太往心里去。"
其他蜘蛛连忙安慰蟹蛛。
"也有很多人担心我们有毒，
害怕我们。
事实上，在我们蜘蛛当中，
真正对人类有很大危害的毒蜘蛛
只有千分之一啊！"

"对呀！可是人们一看到蛛网，
就觉得很脏，会马上清除掉，
可他们不知道我们会用蛛网捕捉蚊子、
苍蝇之类的害虫。"
太阳早已下山了，
但蜘蛛们的埋怨声仍然此起彼伏。

不过，有些蜘蛛说着有关蜘蛛的谚语，

显出一副很神气的样子；

还有一些和人类同住的宠物蜘蛛

炫耀着自己备受宠爱的生活。

小蜘蛛们则追问父母，
自己为什么不是昆虫。
也许是因为好久没有见面，
大家一直聊到深夜，
没有一点儿睡意。

7

世界上的各种蜘蛛
都聚集在这里了：
五颜六色的园蛛，
黄色的三角蟹蛛，
捕苍蝇的蝇虎，
专吃蜜蜂的蟹蛛，
住在水里的水蜘蛛，
住在家里的家幽灵蛛，

长得像蚂蚁的大蚁蛛，
身上带刺的棘腹蛛……

我们的名字和长相虽然各不相同，
但我们都是蜘蛛，神气的蜘蛛！

"哎，真是无聊，
都只顾着自说自话，
我看我还是先回去吧！"
有一只蜘蛛早早离开了会场，
她就是毒蜘蛛波波。
波波是一只狼蛛，
这种蜘蛛在攻击猎物时，
会像狼一样迅速而敏捷。
波波的下腹部呈黑色，
腿上有灰色和白色的斑点。
"我得先挖个洞安身，
因为我现在实在是太胖了，
已经不能敏捷地捕捉猎物了。"
小狼蛛还没有自己的洞穴时，
通常在地面上爬来爬去，
一旦发现猎物，
就迅速扑上去，将猎物捕杀。

但是，波波已经长大了，

肚子变得又圆又大，

她再也不小时候那样身手敏捷了。

所以，她只好挖一个小洞，

躲在里面，等待猎物自己送上门来。

像波波这样的毒蜘蛛并不会结网捕猎，

而是在地下的洞穴里生活。

除了狼蛛之外，地蛛

也会住在地下的洞穴里。

波波找了一处又硬又干燥、

地面粗糙的地方，

那里只有杂草和石子。

对波波来说，

贫瘠而荒凉的土地

简直就是天堂。

波波开始挖起洞来。

"现在差不多了吧？"

波波从洞底向上望着天空，

她终于挖成了像井一样的、

深深的洞穴。

波波挖的洞穴深约 30 厘米，

而且，

她在洞穴底部朝水平方向挖了一个小房间，

方便自己躲在这里等待猎物上门。

不过，这还不算大功告成，

洞穴还需要好好地装修一番。

波波首先在洞穴的入口处
用腹部喷出来的蛛丝，
加上沙土、稻草和树叶，
筑起一圈防护墙，做好伪装；
然后，她开始将蛛丝喷在
入口及洞穴的墙壁上，
这样不仅可以防止
墙壁上的泥土掉落，
还可以使她在猎物出现时
沿着蛛丝迅速爬出洞穴，
就像人类踩着梯子往上爬一样。

"哎，好饿呀！真希望马上就有猎物送上门。"

波波非常有忍耐力，

在猎物没出现之前，

即使几天几夜不吃东西，

也不会贸然出击。

好几天过去了，终于有一只木蜂

出现在波波的洞口附近。

发出嗡嗡声的木蜂看到了一个洞穴，

便好奇地探头向洞里张望。

"这里怎么会有个小洞呢?
难道是什么虫子的吗?"
木蜂悄悄地爬进了洞口。
"好,是个大家伙,
我得一口拿下。"
但波波决不轻举妄动,
"那家伙还带着可怕的毒刺呢。
别急,等待时机成熟再偷袭。"
波波躲在洞穴的拐弯处,
一面暗暗盘算着,
一面静静地盯着木蜂的一举一动。

眼看时机成熟，

波波突然飞快地爬出来，

一口咬在了木蜂的脖子上。

"啊！哎呀！"

木蜂还没来得及使用自己的毒刺，

就一命呜呼了。

木蜂的脖子上有一根连接胸部的重要神经，

波波的这一口直接咬断了那根神经。

"哈哈！我仍然是一个

勇猛敏捷的猎手啊！"

波波赶紧将死掉的木蜂拖进小房间里。

如果波波咬住的不是木蜂的颈部，

而是腹部或者胸部的话，

情况又会怎么样呢？

想必脾气倔强的木蜂一定会在洞穴内

嗡嗡地乱飞，不停地挣扎，

那样波波根本无法制服他。

最后，木蜂一定会用毒刺蜇波波，

波波会因此而死掉。

不能一举成功，就会丢掉性命，

这真是一场惊心动魄的捕猎行动呀！

从那以后，波波用同样的方法捕获了许多猎物，

凡是来到洞穴的家伙一个也跑不掉。

因此，森林里开始出现关于波波的传言。

"听说在这片森林旁的沙地里，

住着一只可怕的毒蜘蛛！"

"被她咬上一口，连挣扎的机会都没有！"

森林里的昆虫们听到有关毒蜘蛛的传闻，

个个都吓得浑身发抖。

过了几天，有一只小田鼠

刚好经过波波的洞穴附近。

"嗯？这是什么？里面有什么呀？"

好奇的小田鼠

把鼻子探进波波的洞穴，

吁吁地闻着洞里的气味，

还不停地用鼻尖试探着。

波波立刻发现了他：

"咦，这家伙是谁？

看起来不像我的猎物啊！

竟敢入侵我的洞穴，

决不能轻饶了他！"

波波飞快地爬到洞口，

用力咬了一下小田鼠的鼻子。

"哎呀！好痛！"

小田鼠不停地揉着鼻子，

边哭边跑回了家。

尽管小田鼠的妈妈细心地照顾着小田鼠，

但是第二天晚上他还是不幸离开了这个世界。

从那以后，森林里的小动物们

更加害怕波波了。

虽然有的小动物不太服气：

"哼！不过是个一口就能吞进去的小家伙罢了！"

"但是，万一倒霉的话，就会像小田鼠一样了。"

波波的恶名越传越远。

当妈妈真不容易

天气渐渐变冷了，

波波的肚子就像围上了一块黑缎子，

又漂亮又耀眼。

波波躲在洞里，偷看着洞外的动静。

她那两只大眼睛和四只小眼睛，

像宝石般闪闪发光。

不过，因为洞里太暗了，

波波的另外两只大眼睛无法看清楚。

波波现在正在寻找自己中意的新郎，

可是，为什么她像狩猎的猎人一样，

紧紧地盯着洞外呢？

这是因为与母狼蛛交配后的公狼蛛

如果不迅速逃跑的话，

会立即变成母狼蛛的食物。

波波终于找到了一只公狼蛛，

与他进行了交配。

随后，她就将这只个头比自己小很多的公狼蛛吃掉了。

"嗯，为了即将出生的小宝宝，

爸爸牺牲自己也是应该的！"

波波的笑显得有些可怕。

马上就要产卵了，
波波先在沙土地上编织蛛网。
然后，她在网上制作
硬币大小的垫子。
不过，波波并没有移动身体，
只是将腹部喷丝的地方上下摆动，
使蛛丝交织在一起，
就像人类织布一样。
圆形的垫子周边有较多的蛛丝，
中间凹陷下去。
"啊，终于准备好了，
现在可以产卵了。"
波波爬到垫子中间，
产下了一堆黏糊糊的黄色卵块。
随后，她继续摆动腹部，
用喷出来的蛛丝
罩住了卵和整个垫子。

最后，她将圆垫子边缘的蛛丝

用腿一一扯断，

再用牙齿咬住垫子，卷起来，将卵包上，

就像人类包饺子那样——

先把馅儿放在饺子皮上，

再将皮的边缘捏在一起。

波波很快将自己的卵包在了一个

又干净又漂亮的白色小丝球里。

用蛛丝做成的小丝球有樱桃般大小，
把住在里边的小宝宝们牢牢保护起来。
"哎呀，制作卵囊真是累人！今天我得好好休息了。"
波波抱着圆圆的卵囊，进入了梦乡。

第二天早晨，波波将卵囊粘在了
自己的腹部末端。

"不管今后发生什么事情，
我都不会把卵囊拿下来，
就算性命受到威胁也决不放弃！"
波波就这样带着卵囊到处爬来爬去。
不只是波波，其他的母狼蛛也像波波这样，
在小狼蛛孵化以前，
绝对不会把卵囊从身上拿下来。
如果给波波一个其他蜘蛛的卵囊，
或者和卵囊相似的球体的话，
又会怎么样呢？
母狼蛛只会认真地带着卵囊，
但不会分辨卵囊的真假，
她们只要带着一个球体就安心了。
母狼蛛非常珍惜这个卵囊，
每当感觉到危险而躲进洞穴内时，
都会将卵囊保护好。

"今天天气真好啊!
我得让我的小宝宝们晒晒太阳。"
波波从洞底爬到洞口,
然后倒立。
这样波波身体的上半部分在洞内,
而卵囊露在外面,
这就是让卵囊晒太阳的方法。
波波用后腿抱着白色的卵囊,
晒了好一会儿太阳。

而且，为了让卵囊均匀地晒到太阳，

波波时常用后腿将卵囊轻轻转一转。

"哎呀，好累！

但是为了小宝宝们，

这一点儿苦算得了什么呢？"

波波整整半天没有休息，

一直抱着卵囊晒太阳。

虽然她是个可怕的猎手，

但也有伟大的母爱。

再过三四周，这些卵就该到了孵化的时候了。

这些日子，波波一直精心地照顾着卵囊。

一个月快过去了，

波波的卵囊开始裂开了。

"妈妈，您好！"

"妈妈，您好！"

小狼蛛们一个接一个地从卵囊里爬了出来。

"1、2、3、4、5……

哇！到底多少只呀？"

等到小狼蛛们全部孵化出来以后，

波波将一直视若珍宝的卵囊像丢垃圾一样扔出了洞穴。

小宝宝们一个个抓住波波的腿，爬上了她的背。

"你再往那边一点儿，给我让一下。"

"对！对！快爬到妈妈身上来吧！"

小狼蛛们全都爬上了波波的背，

密密麻麻的。

"喂！你怎么挡着妈妈的眼睛呢？

妈妈看不见路了！"

除了爬到波波的背部以外，

还有一些小狼蛛爬到了她的前胸上。

虽然空间很狭小，

但是小狼蛛们从来不争吵，

也没有一只小狼蛛抢占地方。

他们用腿钩住彼此，

亲密地抱在一起。

"孩子们，抓紧点儿，

咱们该到洞外晒太阳了！"

波波一步一步向洞口爬去，
这时她的身体碰到了洞穴的墙壁。
顿时，几十只小狼蛛从波波的背上
哗啦啦地摔了下去。
"赶快回到妈妈的背上去吧！"

"妈妈，等等我们！"
被摔在地上的小狼蛛们
把妈妈的腿当成了梯子，
慌张而迅速地爬回妈妈的背上，
找到了各自的位置。

有一天，波波带着孩子们在森林里散步时，
遇到了另一只迎面走来的母狼蛛，
那只母狼蛛也背着许多小狼蛛。
对饿昏了头的狼蛛来说，
对方即使是自己的同类，
也会被当作猎物看待。

为了吃掉对方，

两只母狼蛛开战了。

只见波波一拳将那只母狼蛛打倒在地。

波波用自己的肚子顶住

那只摔倒在地的母狼蛛，

就像摔跤选手般把脚并在一起，

抱住了对方，

使对方动弹不得。

"你认输吧！一旦被我的毒牙咬到，

你就完蛋了！"

"哼！我也有同样的毒牙，

难道你忘了吗？"

两只母狼蛛都露出自己的毒牙，

威胁着对方。

这时，小狼蛛们在做什么呢？

"妈妈，加油！"

"妈妈，加油！"

你可别以为他们在为自己的妈妈加油，

事实上对小狼蛛来说，谁赢并不重要，

只要是获胜的母狼蛛，都可以成为他们的妈妈。

最后，波波一口咬住了对方的头部，

结束了这场战斗。

波波开始安心地吃起自己的战利品。

45

"啊！我们的妈妈死了，大家快点儿搬家吧！"

那只母狼蛛身上的小狼蛛们纷纷爬上了波波的后背，

他们并没有因为妈妈的死亡而感到悲伤。

"好，你们快点儿上来吧！

毕竟你们是无辜的，我背你们走。"

波波非常仁厚地接受了这些小狼蛛，

波波的孩子们也不排斥新来的小朋友。

只见波波的背上比之前更拥挤了，

小狼蛛们堆了两三层，

甚至连波波的腰部和头顶

都挤满了小狼蛛。

虽然波波背着小狼蛛们四处打猎，

但她并没有给小狼蛛们任何食物，

只是为自己补充体力。

那么，在妈妈背上的 7 个月时间里，

小狼蛛们到底靠什么维持生命呢？

令人惊讶的是，他们竟然什么都不吃。

虽然静静地趴在妈妈的背上不会消耗太多体力，

但毕竟 7 个月的时间并不短，

他们怎么能挺过来呢？

其实这都是太阳的功劳，
狼蛛妈妈冒着生命危险
带小宝宝们晒太阳就是这个原因。
小狼蛛们在妈妈的背上晒太阳，
就可以获得所需的能量。
不知不觉，7个月过去了。
"现在你们也该独立了。"
波波背着小狼蛛们爬出洞穴，来到了地面。
洞外阳光明媚，微风徐徐。

"今天的天气很好。

你们离开妈妈后，

要好好照顾自己！"

波波对小狼蛛们的离开

一点儿都不伤心，

她希望小宝宝们快快独立起来。

小狼蛛们从波波的背上

一批一批地跳了下来，

赶紧爬到附近地势较高的地方。

如果旁边有较高的草，他们就爬到草的顶端；

如果周围有树，他们就爬到树的顶端。

狼蛛终生生活在地面上或地下的洞穴里，

只有刚刚离开妈妈的背

开始新生活的这一刻，

他们才会爬到高处去。

　　　　小狼蛛们从腹部的末端

　　　　喷出几根蛛丝，

　　　　当蛛丝被风吹走时，

小狼蛛们将随风飘落到新的地方。

"妈妈，再见！"

"妈妈，希望你健康平安！"

最后，所有小狼蛛都离开了波波。

"子女本来就是这样，

长大以后都要离开妈妈，

我小时候也是这样。"

波波就像什么事也没发生过一样，

回到了自己的洞穴。

狼蛛的天敌

小狼蛛们离开后，波波觉得身体轻松了许多，

打猎时动作也敏捷了。

由于这几个月来，波波一直背着小狼蛛们，

所以她始终无法吃到足够的食物。

这天，刚好有一只蛛蜂向波波的洞口飞了过来。

蛛蜂看起来像穿着黄黑相间的条纹服装，

他的腿细长，翅膀也非常奇特，

末端呈黑色，其余部分像烤过一样

泛着土黄色的光。

躲在洞穴里的波波发现了这只蛛蜂，

便迅速地爬到了洞口。

蛛蜂看到悄悄向外张望的波波，

吓了一跳，连忙向后退，

远远地望着她。

波波转身回到了洞穴里。

没想到那只蛛蜂又飞到了洞口，

波波为了捕捉蛛蜂又飞快地爬到了洞口。

可是，蛛蜂再次飞得远远的，躲了起来。

"你这胆小鬼，竟敢耍我，

气死我了！"

波波发着脾气，又回到了洞穴里。

"嗡！嗡！你快来抓我呀！

你不是可怕的猎手吗？"

蛛蜂嘲笑着波波，

在洞口周围飞来飞去。

"我非得把你抓到手，

正好我的肚子也有点儿饿了！"

波波迅速冲到了洞口，

当她挺起上半身向外看的那一瞬间，

蛛蜂闪电般地飞过来咬住了她的前腿，

然后用力向外拉她。

不想被拖出洞口的波波，

全力向后挺着自己的身体，

他们就像在拔河一样。

但是，波波最终还是敌不过蛛蜂。

蛛蜂将波波拖出洞口，

扔到了离小洞很远的沙地上。

"哎呀！怎么办？

我没有藏身的地方了！"

凶猛的猎手波波顿时变成了胆小鬼。

"来呀！我们来打一架吧，

看看究竟谁才是真正的猎手！"

将波波拉出洞穴的蛛蜂

得意扬扬地大声喊道。

狼蛛有一个致命的弱点——
一旦被拖出洞穴，
就会失去勇气，变成胆小鬼。
而蛛蜂非常清楚波波的弱点，
所以并不会进入她的洞穴里，
反而千方百计地引诱她到洞外来。
可怜的波波并不知道蛛蜂是
专门猎杀蜘蛛的狩猎者。

"求求你，饶了我吧！"
波波全然忘记了自己还有毒牙，
竟吓得蜷缩在地上，浑身颤抖。
"如果我现在放了你，那我刚刚为什么
要冒着生命危险跟你玩捉迷藏啊？
万一不小心被你拖进洞里去，
我不就变成你的猎物了吗？"
蛛蜂用毒刺在波波的胸前"打了一针"，
波波顿时感到全身麻木，
不一会儿便失去了知觉。
"嘿嘿！
这家伙可是小宝宝们最爱的美味呀！"
波波瘫软着，被拖进了蛛蜂的洞穴。
就这样，名震森林的波波，
最终也成了蛛蜂幼虫的大餐。
由此可见，这个世界上没有永远的强者，
也没有永远的弱者。

天才建筑师——园蛛

由于蛛丝具有黏性，

所以碰到蛛网的小昆虫

都被牢牢地粘在网上，无法逃脱。

但是，蜘蛛不仅不会被自己的网粘住，

而且还可以在上面自由地爬来爬去，

这一点让法布尔感到非常困惑。

有一次，他突然想起了小时候

曾经和朋友们一起去抓小鸟的情景。

那时候，孩子们都拿着长长的竹竿，

并在竹竿的一端涂上胶水。

为了防止手也被胶水粘住，

孩子们会事先在手上抹一层油。

法布尔觉得蜘蛛的腿上

也有这种防止被网粘住的油。

法布尔为了证明这一点，

只好从一只活蜘蛛的身上切下来一条腿，

放在蛛网上试验，

这条腿的确是怎么也粘不到网上。

接下来，法布尔把这条腿泡在二硫化碳里。

二硫化碳是一种用来溶解油脂的化学药品。

经过二硫化碳浸泡的蜘蛛腿，

一放在蛛网上，

立即被牢牢地粘住了。

这项试验证实了法布尔的猜想：

蜘蛛的腿上有一种油脂，

使蜘蛛在蛛网上能自由爬行，

而不会被网粘住。

随风旅行的园蛛

园蛛的育婴技巧

要比捕猎技巧高明许多！

园蛛的卵囊就像一个梨一样挂在树枝上。

另外，由于卵囊是用蛛丝制成的，

不但不容易破碎，

而且还防雨。

卵囊里面有一个褐色的、软软的丝袋子，

那里面有很多漂亮的橙色卵。

小好就是一只刚刚从卵囊里孵化出来的园蛛。

"哎呀！好闷啊！
真想马上到外面去！"
小好和其他 500 多枚卵一起住在卵囊里，
闷热的感觉持续了一个多月。

像小好一样性子急躁的一些小园蛛

已经从卵里孵化出来了，

并且开始准备到外面去。

"怎么办呢？卵囊又厚又结实，

我根本没有办法打开它！"

小好试着打开卵囊，

他一会儿用力推一推，一会儿再用力拉一拉。

"你不能安静一会儿吗？

你一直在乱动，害得里面越来越挤了！"

另一只比较稳重的小园蛛对小好说：

"你再耐心地等一等吧！

卵囊会自然破裂，

就像炮弹一样砰地炸开！"

"真的？你不也是刚刚孵化出来的吗？

你怎么知道得这么清楚？

如果卵囊真的爆炸了，那我们会不会被炸死呀？"

小好不太相信那只小园蛛的话。

但是，卵囊确实在不停地膨胀，

就像一个充满气的气球一样。

几天后，卵囊真的砰的一声炸开了，
有一部分小园蛛被弹了出来，
剩下的则要从卵囊里爬出来。

"哇，卵囊爆炸了！
大家快到外面去吧！"
小园蛛们争先恐后地往外爬，
大家迫不及待地想要见识外面的世界，
卵囊里顿时乱成一团。
"让我先出去！"
"不，让我先出去！"
"等一下，我们应该先蜕皮呀！"
小园蛛们在爬出卵囊之前，
必须蜕一层皮。
蜕完皮的小园蛛们
迫不及待地跑到外面去了。
"好了，现在大家一起出发吧！"

刚刚从卵囊里出来的小园蛛们准备开始旅行，

他们先爬到附近的树枝上，

一边晒着太阳，一边等待时机。

小好很快爬上了附近的一棵树的顶端。

然后，他不停地从腹部喷出蛛丝，

只见蛛丝在微风中轻轻地飘扬。

"我要去一个从来没去过的、

最遥远的地方！"

"我想到森林旁边那座最美丽的小村庄去！"

大家都期待自己能有一次难忘的旅行。

这时候，突然刮起了一阵风，
小好乘着蛛丝，
随风飘到了空中。
"哇！好美呀！
我要去新的世界旅行了！"

只见空中飞扬着许多闪亮的细丝，
小园蛛们随风飘荡，
就像马戏团里的特技演员一样，
挂在一根根丝上，自由自在地在空中飞翔。

"哎呀！好晕啊！"

小好在空中转了好几圈后，

掉到了草丛里。

正当小好被摔得昏沉沉的时候，
有一只蚂蚁爬了过来。
"嗯，看样子你是刚刚开始旅行的小蜘蛛啊！"
"是啊，您是谁呢？"
"我是蚂蚁，
你要不要先到我家休息一下？
如果你一直待在这里的话，
很快就会成为青蛙或者鸟类的猎物的！"
蚂蚁叔叔非常同情小好，
便将小好带回自己的家中休息。
蚂蚁的家在地下，
各式各样的房间像树根一样扎进地下，
小好感觉就像进了迷宫。

没多久，蚂蚁婶婶看见了小好，
立刻对蚂蚁叔叔大发雷霆：
"哎呀，这孩子不是蚂蚁！
他可是专门捕食各种昆虫的蜘蛛啊！
你怎么可以把他带到咱们家呢？"
蚂蚁叔叔赶紧解释说：
"你不要担心，
他只是刚刚孵化出来的小蜘蛛，
就让他在咱们家住几天吧？你看小家伙多可怜啊！"
在蚂蚁叔叔的再三恳求下，
小好才得以暂时住在"蚂蚁之家"。

蚂蚁们整天不停地工作，

一会儿忙着挖洞盖新房，

一会儿又搬来食物储存……

小好觉得很吵闹，

根本没有办法静下心来休息。

他只在蚂蚁家待了一天，

便离开了那里。

小好孤零零地走在草地上时，
突然听见了嗡嗡的声音。
"咦？这里有只可怜的小蜘蛛啊！
你到我家去休息一下吧！"
好心的蜜蜂阿姨把小好带到了自己的家。

蜜蜂阿姨的家像一座宫殿，

有一个个六角形的小房间。

小好觉得这座金碧辉煌的"宫殿"非常美丽。

不过，在蜜蜂家小好也不能安静地休息。

蜜蜂们辛勤地忙里忙外，

一会儿采蜜回家，

一会儿又照顾卵和幼虫。

小好觉得蜜蜂家和蚂蚁家一样吵闹，

并且这种封闭式的六角形房间又小又闷，

小好一点儿都不喜欢。

于是，他向蜜蜂阿姨道别，

独自离开了蜜蜂的家。

"我还是喜欢自己一个人住，

住那么大的房子有什么好呢？

大家住在一起，太吵了！"

小好决定盖一间属于自己的房子。

他先找了一棵树爬了上去。

"我是一只蜘蛛，

对我来说，蛛网才最适合我！"

世界上最舒服的地方

虽然我可以去不同的地方旅行，
但是世上没有比蛛网更安静的地方了；
虽然我可以住在很豪华的地方，
但是世上没有比蛛网更舒服的地方了。

小好一边快乐地唱着歌，
一边不停地喷出丝来。
蜘蛛的腹部共有6个纺绩器，
每个纺绩器上都有几百个吐丝管，
蛛丝就是从这些吐丝管中不断地喷出来的。
此外，蜘蛛的肚子里
还有一个专门负责生产黏液的器官，
这些黏液就是蛛丝的原料。
黏液通过吐丝管被喷出来后，
就变成了蛛丝。
小好从腹部喷出几根长长的蛛丝，
并让它们在空中飘扬。
"总会有一根会飘到对面的树枝上吧！"
在风中飘扬的蛛丝当中，
果然有一根粘到了对面的树枝上。
"好了，成功了，
现在可以到对面去了。"

小好沿着那根蛛丝，

慢慢地爬到了对面的树枝上。

他一边爬一边喷丝结网，

以中间那根蛛丝为中心，

开始结起放射状的蛛丝。

每结好一根蛛丝后，

小好都要拉紧，

好让蛛丝之间都保持同样的距离，

并且准确得就像用尺子量过一样。

接着，他再从蛛网的中心出发，

将非常细的蛛丝一圈圈绕成螺旋状。

小好实在是太喜欢结网了，

他从来都不认为这是件苦差事。

最后，他又从外向内密密地织。

只见他在蛛丝之间上下左右穿梭，

结网的速度越来越快，

一会儿工夫，他就完成了这项工程。

小好在结一张完整的蛛网的过程中，

环绕每一根蛛丝足足有 50 次。

"好了，终于要大功告成了！

现在可以把脚垫撤掉了，

它既不美观又不实用。"

小好将最初用来支撑蛛网的脚垫，

也就是网中央螺旋状的蛛丝，

慢慢揭下来，团成了圆球，

开始美美地吃了起来。

"一切要从简节约，

这些蛛丝可以提供丰富的养分，

如果就这样扔掉的话，

实在是太可惜了。"

结完网的小好

舒舒服服地躺在网中央打起了盹。

谁能和我比，
盖出这么漂亮的房子？
谁能和我比，
盖出这么坚固的房子？

先在树枝上做一个垫，
再拉紧放射状的线，绕啊绕，
接着开始制作螺旋网，
最后再把网织密一点儿！
任何昆虫也逃不掉！

虽然我没有设计图，
也没有别的帮手，
但我是天才建筑师。
用一根根蛛丝，
就能织出完美的房子，
我也是优秀的艺术家。

今天阳光明媚，

正是结网的好天气。

在起雾或下雨时，

蜘蛛们一般不会结网，

因为湿气太重，会影响蛛丝的黏度。

结完网的小好很轻松，

他现在只要耐心地等待猎物就可以了。

致命的陷阱

小好躲在树叶后面，
耐心地等待着猎物送上门来。
不管是等上几个小时还是几天，
蜘蛛们都会静静地守候着。
这时，一只蜻蜓一边飞行，
一边炫耀着自己美丽的翅膀。
可能是只顾着忘情地飞行，
蜻蜓根本没注意到又细又透明的蛛丝。

"糟了，我被蛛网缠住了！
还好，蜘蛛不在，
我得赶紧想办法逃走！"
蜻蜓认为这细细的蛛丝没什么了不起，
但是他却不知道蛛网上有一层致命的黏液，
任凭他怎么挣扎，
蛛网仍然牢牢地粘在他的腿上。
蜻蜓试图用力挥动翅膀让自己飞起来，
可是蛛网随着蜻蜓的动作不停地伸缩，
他根本没有办法逃脱。

"这是怎么回事啊？

这网怎么像橡皮筋一样啊？"

正在这时，小好慢慢爬了过来。

"你不要再挣扎了，那是没有用的。

一旦被我的网粘住，

就休想活着出去！"

小好一步步逼近蜻蜓。

"你……你是从哪儿冒出来的？

你怎么知道我被粘在这里？"

蜻蜓吓得浑身发抖。

"我早就在蛛网上连好了一根'电话线'。"
小好拉起一根搭在树枝上的长丝给蜻蜓看，
"我把这根长丝搭在树枝上，
与我的腿连在一起，躲到树叶后面，
等到像你这样的家伙被我的网粘住、
为了逃脱而拼命挣扎时，
我就能感觉到震动。
然后，我就顺着这根丝爬过来捕捉猎物。
怎么样？没想到吧？"
如果这根"电话线"被拉断的话，
蜘蛛就无法得知有没有昆虫被蛛网粘住。
而且，蜘蛛能清楚地分辨出"电话线"是被风吹动，
还是因为昆虫挣扎而晃动。

小好靠近蜻蜓后，

先用自己的尾部轻轻碰了一下蜻蜓，

这样是为了保证自己喷出来的蛛丝能粘在蜻蜓身上。

然后，他迅速地用蛛丝缠住了蜻蜓的身体。

不一会儿，蜻蜓就被蛛丝缠成纺锤形了。

"哎呀！我一点儿也不能动了！"

小好轻轻地咬住了蜻蜓的身体，

然后从他的肚子开始吃了起来。

不过，小好并不是直接咀嚼蜻蜓的身体，

而是利用从口腔吐出来的消化液

将食物溶解成肉汁后再吸食。

人类在吃食物时，

是由口腔和消化道分泌消化液，

并在肚子里消化食物。

但是，小好不是这样，

是先消化食物再吃进去。

小好吃完蜻蜓后，

便将最后的残渣吐了出来。

从那以后，又有蛾子、苍蝇、蝴蝶、蚱蜢和金龟子等昆虫，

陆续被粘在小好的蛛网上，

他们都成了小好喜欢的美味。

有一天，一只大大的虎头蜂被小好的蛛网粘住了，

"哎呀，这不是身上有毒刺的虎头蜂吗？"

小好不敢贸然接近虎头蜂。

"什么东西缠着我的腿？

小蜘蛛，我警告你，

你胆敢靠过来，小心我的毒刺！"

虎头蜂虽然已经被蛛网粘住了，

但是还是很凶狠，

不停地露出自己的毒刺威胁小好。

"嗯，看来这家伙不简单！
如果正面攻击的话，
很有可能被他的毒刺蜇到。"
小好小心翼翼地爬到虎头蜂的后面，
立即用后腿将纺绩器喷出来的蛛丝扔了过去，
准备用蛛丝缠住猎物的身体。

因为不敢靠近猎物，

所以小好采用"撒网捕鱼"的办法。

小好看准虎头蜂，

不停地用后腿扔过去一团一团的蛛丝，

顷刻间，虎头蜂的翅膀和腿被蛛丝牢牢地捆住了。

小好不时走近虎头蜂狠狠咬一口，

然后马上退后，直到他断气。

"哼，再凶狠的猎物我也照样有办法！"

小好确认虎头蜂已经死亡后，

将他粘在了自己的尾巴上。

"这么大的猎物，我得找个安静的地方慢慢享用！"

小好一边说，一边将虎头蜂拖到了蛛网中央。

一般蜘蛛捉到小昆虫时，

会当场将他们吃掉；

但是，如果是较大的昆虫，

因为蜘蛛吃完他们需要比较长的时间，

所以必须把他们拖到最安全的地方慢慢享用。

这时候已是傍晚，

晚霞染红了小好的蛛网。

小好伸开 8 条结实的腿，

一边享受美味，一边感慨地说：

"世上没有一个地方，

能比自己的家更舒服了！"

我的昆虫观察笔记

请用文字或图画记录你的所见所感。

위대한 건축가 호랑거미 by Susanna Ko (author) & Sung-young Kim (illustrator)
Copyright © 2002 Bluebird Child Co.
Translation rights arranged by Bluebird Child Co. through Shinwon Agency Co. in Korea
Simplified Chinese edition copyright © 2025 by Beijing Science and Technology Publishing Co., Ltd.

著作权合同登记号　图字：01-2005-3600

图书在版编目 (CIP) 数据

法布尔昆虫记. 地下毒王狼蛛与天才建筑师园蛛 /（韩）高苏珊娜编著；（韩）金成荣绘；李明淑译. 一北京：北京科学技术出版社，2025.1
ISBN 978-7-5714-2914-0

Ⅰ. ①法… Ⅱ. ①高… ②金… ③李… Ⅲ. ①昆虫 – 儿童读物②蜘蛛目 – 儿童读物 Ⅳ. ① Q96–49 ② Q959.226–49

中国国家版本馆 CIP 数据核字 (2023) 第 031312 号

策划编辑：	徐乙宁
责任编辑：	张　芳
封面设计：	包荧莹
图文制作：	天露霖
出 版 人：	曾庆宇
出版发行：	北京科学技术出版社
社　　址：	北京西直门南大街 16 号
邮政编码：	100035
电　　话：	0086-10-66135495（总编室）
	0086-10-66113227（发行部）
网　　址：	www.bkydw.cn
印　　刷：	保定华升印刷有限公司
开　　本：	787 mm × 1092 mm　1/16
字　　数：	91 千字
印　　张：	7.25
版　　次：	2025 年 1 月第 1 版
印　　次：	2025 年 1 月第 1 次印刷

ISBN 978-7-5714-2914-0

定　　价： 299.00 元（全 10 册）